防火于未燃

安全行为小百科编委会　编

地震出版社

图书在版编目（CIP）数据

防火于未燃 / 安全行为小百科编委会编.
— 北京：地震出版社，2023.6（2024.10重印）
ISBN 978-7-5028-5508-6

Ⅰ.①防… Ⅱ.①安… Ⅲ.①防火－少儿读物 Ⅳ.
①X932-49
中国版本图书馆CIP数据核字(2022)第214255号

地震版XM5893/X(6337)

防火于未燃
安全行为小百科编委会　编
责任编辑：李肖寅
责任校对：鄂真妮

出版发行：地震出版社
　　　　　北京市海淀区民族大学南路9号　　　邮编：100081
　　　　　销售中心：68423031　68467991　　传真：68467991
　　　　　总编办：68462709　68423029
　　　　　http://seismologicalpress.com
经销：全国各地新华书店
印刷：北京华强印刷有限公司

版（印）次：2023年6月第一版　2024年10月第二次印刷
开本：787×1092　1/16
字数：90千字
印张：4
书号：ISBN 978-7-5028-5508-6
定价：28.00元

目 录

一、噼里啪啦的油锅

"你们知道吗？昨晚发生了一件大事！"杜可刚一进教室，连书包都来不及放下，就神神秘秘地凑到冯周跟前说道。

"怎么了怎么了？"冯周立马坐直，好奇地问道。

"昨天晚上我在家正准备睡觉呢，突然听见消防车的声音，拉开窗帘一看，对面楼里有一户人家着火了，大晚上的，火光冲天！"杜可大声说道。

"着火了！是什么原因啊？"

这可问住杜可了："我也不知道，当时还听见嘭的一声。"

"是……是油锅起火。"关关忍不住插了一句。

"你也知道！然后呢然后呢？快快快，给我们讲讲！"杜可着急地向关关打听。

关关被吓了一跳，小声说："我也是听人家说的……"

几个人正聊得兴起时，上课铃响了，大家也就停止了讨论，赶忙回到座位上。

班主任严老师走了进来，说："刚刚在门外听到大家正在讨论昨晚居民楼起火的事情，那我们本周的课外小组活动主题就定为'防火那些事儿'吧。"

放学后，冯周向杜可等人提议说："我们一起组队吧！杜可家离火灾现场近，可以去问一下具体情况，许依收集资料一向细心，加上高睿家的'小型图书馆'，和聪明机智的我，就叫'珠联璧合'队！"

到了高睿家，几人一头扎进书房。大家围着桌子坐好后，杜可和冯周就讲起了他们打听到的关于这次起火的原因。

原来，是那家主人做饭时在热锅上倒完油，突然接到一个电话，打电话的时间长了，锅里的油就着火了。

"做饭这么危险啊？"冯周不解地问。

许依回答道："平时做饭放完油后及时炒菜，不会有危险，但那家主人放油后长时间不炒菜，油温超过了燃点，就着火了。"

冯周点点头："原来是这样啊。"

"这个可以作为我们的一个注意事项。"杜可拿笔记录了下来。

这时，高睿提议："我们还可以做一个防火小贴士，把注意事项整理出来，提醒大家注意。"

"好啊！""不错不错！"这个提议得到了全组的认可。

"我发现一个：遇到油锅起火，正确的处理方式是不能用水，要盖上锅盖，关闭火源。"杜可率先发言。

冯周也不甘示弱："而且易燃易爆物品要存放好。像料酒、食用油、面粉、酒精这些都属于易燃易爆品，是不能乱摆乱放或者使用不当的，不然很容易引发燃烧或者爆炸。"

许依也进行了补充："家中一定要规范设置厨房电气线路，定期对厨房内电气线路、厨房电器等设备进行检查，避免因线路老化、电器短路等引发火灾事故。"

　　"我也找到了一个。"高睿笑着说，"平时要记得及时关火、断电。使用结束后，应及时关闭所有阀门，切断电源、火源。"

　　"油垢聚积易引发火灾，做完饭要及时清理厨房。"

　　"严禁电器超负荷使用。"

　　"在使用过程中要注意防止用电设备和线路受潮。"

　　……

　　大家你一言我一语，很快，一份全面的注意事项就整理好了，足足记了十页纸。

　　这次，冯周自告奋勇地承担了在活动中发言的重任，精彩的演说获得了老师和同学们热烈的掌声。

　　最后，严老师总结道："最近天气干燥，容易发生火灾，我们大家在生活中也要加强防灾意识，希望大家通过这次活动，掌握一些防火知识，减少事故的发生。"

安全小贴士

★ 厨房有哪些火灾隐患？

厨房在给我们提供便利的同时，也存在着潜在的危险。在使用厨房时要注意防火，特别是注意正确放置食用油、调料，小心使用燃气灶具。

1. 易燃易爆物品集中存放。

厨房内天然气、液化气罐、打火机、料酒、食用油、面粉、酒精等属于易燃易爆品，乱摆乱放或使用不当很容易引发火灾。

2. 油垢聚积易引发火灾。

在烹饪食物的过程中，厨房易积聚油烟，若长期不清洗，墙壁、抽油烟机、油烟管道、排气扇、燃气灶等地方油垢越积越厚，使用明火时，稍不注意就可能引起火灾。

3. 电气线路隐患大。

厨房电器，特别是大功率电器，很容易超负荷使用。此外，有些家庭私拉乱接电气线路，出现电线不穿管、电闸不设后盖等现象，在厨房潮湿、油腻的环境中，很容易漏电、短路，导致起火。

4. 灶具锅具安全隐患大。

在日常生活中，高压锅、蒸汽锅、电饭煲、烤箱等操作不当或者使用时无人看管，极易发生火灾或爆炸事故。

思考一下，你认为还需要注意什么呢？快来写一写吧

☆厨房火灾防范措施

1. 定期检查

规范厨房电气线路,定期对厨房内电气线路、厨房电器、燃气管道、阀门、燃气灶等进行检查,避免因线路老化、电器短路、燃气泄漏等引发火灾事故。

2. 清理油垢

每次做完饭后,要对燃气灶具、墙壁、抽油烟机罩等进行清洗。每一个半月清洗一次油烟管道,防止油垢引发火灾。

3. 规范放置厨房用品

天然气、液化气罐、打火机、料酒、食用油、面粉等易燃易爆品要规范放置,远离火源。

4. 严禁电器超负荷使用

厨房内电器开关、插座等应安装在远离燃油、燃气设备的地方。厨房内的各种电气设备不得超负荷用电,使用过程中要注意防止电气设备和线路受潮。

5. 及时断火断电

使用结束后,应及时关闭所有燃气阀门,切断电源、火源。

二、插排乱成一团麻

"最近的天气真的是越来越冷了！"杜可一进教室，一边对着手哈气，一边拍掉身上的雪，忍不住缩了缩脖子。

冯周刚进门不久，正拿笔写着什么："确实，我的手都冻得握不住笔了。"

一听这话，杜可就神秘一笑："我前两天也冻得不行。不过最近我倒是发现了一个好东西，保证上课手不冷。"

"是什么？"冯周好奇地问。

"就是这个，暖手宝！"杜可有些得意地把暖手宝拿给冯周看，"你可别小看这个，上课握一会儿，整个人都暖暖的。"

"真的吗？那我也去买一个。"冯周说道。

有了杜可和冯周这对儿活宝的推销，暖手宝一传十十传百，同学们的家人也纷纷用了起来，尤其是爷爷奶奶们，对这个保暖神器真是爱不释手。

每年供暖季到来前的日子都是许依爷爷奶奶最难熬的日子，自从用上了暖手宝，许依家里的插排就忙了起来，爷爷奶奶既要手里拿一个，还要准备上一个轮换使用，再加上爸爸妈妈的手机要充电，弟弟的玩具也要充电，还有其他电器，时间长了，插排上都是电线。

许依起初并未在意，直到听到一则电器爆炸引发火灾的新闻。事故的起因就是办公室里同一个插排上连接了很多设备，员工下班后未自觉拔掉充电器的电源线。

这则新闻让许依意识到了问题的严重性。她赶忙起身环视家里，发现果然还有很多充电器留在插排上，便连忙关掉总开关，让大家先不要急着充电。

"哎呀，姐姐你干什么？我还等着玩我的电动消防车呢！"弟弟抗议道。

"是呀，小依，奶奶的暖手宝都快凉了，还等着用那个替换呢。"奶奶也说道。

许依解释说："插排上电线太多，有安全隐患，刚刚新闻里讲的火灾，多可怕呀！"

下班回来的爸爸妈妈听完前因后果，夸赞许依细心谨慎，并正视起这个问题，换掉了家里的老旧插排，还增加了几处新插排点，并嘱咐大家要分散充电，充完电要及时关闭电源。

许依将家里的充电小插曲讲给了严老师，并提出有必要把这个安全常识讲给同学们听。

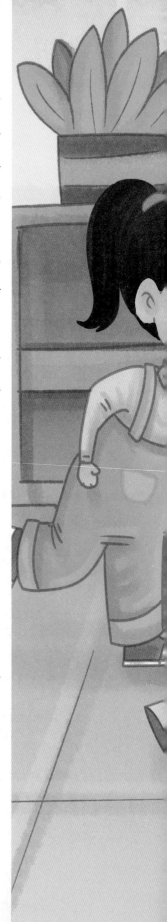

于是严老师召开了一个小型班会，先是表扬了班长许依，说她安全意识和责任心都很强，同时给大家布置了一个实践任务：课下学习安全用电知识，下周要进行安全用电问答比赛。

杜可和冯周没想到他们无意间的举动还引发出许依家里的小插曲，有些不好意思，许依爽朗地笑一笑，邀请二人一起组队，相约周末一起到图书馆整理资料。

比赛的日子很快就到了，快上场时，冯周突然有些紧张，忍不住喝了一大口水。

许依看到后，转过头对冯周说："没事，不要紧张，我们准备得很充分呢！"

正巧这时老师念到他们的名字，三人都深吸一口气，开始发言。

他们拿到的问题是：如果有人触电，应该怎么办？

这个问题是冯周准备的，他此刻信心十足。"一旦有人触电，首先应立即切断电源，用干燥的竹竿、木棒等绝缘物体挑开电线，或者可以戴上绝缘手套，把触电者拉开。但是一定不能直接用手去拉触电者。"冯周说得很正确。

许依继续补充："还要根据情况来施救。当触电者脱离电源后，要迅速拨打120。在等待救援的过程中，可以根据触电者的受伤程度，采取不同的急救措施。"

"一旦被电伤，一定要到医院进行正规的医疗救治。"杜可也讲了自己的想法。

这个问题他们回答得很全面，获得了阵阵掌声。

经过一番激烈的角逐，最终许依组获得了冠军。

最后，严老师进行了总结："电是我们日常生活中经常用到的东西，但是用电也要谨慎防护、定期检查，要更换家中的老旧电线及家用电器，不用湿手触碰电线，不要触碰裸露导体的电线……这些都是我们需要注意的，只有在日常生活中谨慎再谨慎，才能减少意外的发生。"

安全小贴士

⭐ 如何防止触电？

1. 学习关于电的危险、安全用电等知识。

2. 定期检查、更换室内老旧电线及电器。

3. 不用湿手触碰电线、插座、家用电器开关等，不用小刀、钢笔等插、捅电器插座。

4. 正确使用家用电器，不私自拆卸、修理家中带电的线路或设备。

5. 不要触碰裸露导体的电线，远离断落电线、高压线、输电铁塔及变压器。

★ 遇到有人触电该如何施救？

一旦发现有人触电，应立即向大人求助，不可盲目施救。家长在确保自身安全的前提下，可采取有效的救助方法，使触电者尽快脱离危险。

1. 脱离电源第一位

立即切断电源，用干燥的竹竿、木棒等绝缘物体挑开电线。也可以戴上绝缘手套，把触电者拉开。切不可直接用手去拉触电者。

2. 根据情况来施救

待触电者脱离电源后，要迅速拨打120。在等待过程中，可根据触电者受伤程度，采取不同的急救措施。

a. 触电者神智清醒

让触电者就地平躺休息，严密观察，暂时不要让其走动。

b. 触电者神志不清，有心跳但无呼吸

让触电者仰卧，使其呼吸道通畅；解开触电者的上衣领，用手捏住触电者的鼻翼，口对口吹气，反复进行。

c. 触电者神志不清醒，呼吸和心跳都已停止

持续进行心肺复苏，直到医护人员到达。

3. 正确处理电烧伤

a. 电弧烧伤（未直接接触电流），处理方法类似热烧伤：不严重时，冷水降温，并严防感染。

b. 电接触伤（接触到了电流），往往局部受伤严重，需进行正规的医学处理。

思考一下，你认为还需要注意什么呢？快来写一写吧

三、嗡嗡响的电动车

这天一大早，冯周走进来的时候，吓了大家一跳。

"天呐，冯周，你这是怎么了？一晚上不见，都有熊猫眼了？"杜可凑上前去惊呼。

只见冯周半眯着眼睛，耷拉着脑袋，有气无力地走进教室。

"别提了，我昨晚一晚上都没睡好。"冯周走到自己座位前，把书包往桌上一扔，郁闷地趴在桌子上。

"怎么了？是因为心情不好吗？"高睿碰巧走过，关心地问。

"不是不是，是昨晚我家楼下有个电动车响了一夜，嗡嗡的，吵得我一晚上没怎么睡。"冯周抱怨道。

杜可猜测："是有人挪车子了吧，有的电动车锁上以后碰一下就会响。"

"不是！我听着不像是报警声。"冯周一声哀叹，"唉，不知道，我现在好困啊。"

好不容易坚持到了放学，冯周快步走回家，准备补个觉。刚一到家，就听见爸爸妈妈在家讨论什么。

"今早才听人家说，那个嗡嗡的声音是电动车电池过热的警报。"妈妈看向冯周，"幸好有人发现，及时切断了电源，不然有可能爆炸呢！"

说完，妈妈心有余悸地叹了口气，又嘱咐冯周爸爸等一会儿去检查一下自家的电动车。

冯周听得心惊肉跳，心想："电动车如果发生火灾，会造成极为严重的后果：随着温度迅速升高，有毒气体会笼罩周围，严重威胁人们的生命安全。"

冯周连忙拿出手机查询如何预防电动车火灾，毕竟他们小区有很多电动车，需要提前做好准备。

他一边查一边记录着："要合理控制充电时间，还要按照规定充电，要停放在远离居民楼的位置，做好自我检查工作。"

整理好查到的资料，冯周终于安心地上床睡觉了。让他没想到的是，自己心血来潮查到的资料竟然会派上用场。

原来，冯周所在的小区业委会准备召开会议，会上需要大家提出关于"电动车事件"的意见。

　　冯周妈妈是业委会的成员，这两天正为自己说什么而发愁呢！

　　冯周见状，拿出自己整理的资料递给妈妈："这是我整理的一些资料，可以在会上用。"

　　妈妈很意外，在看过冯周的资料后，妈妈决定把冯周也带上。

　　会上，大家七嘴八舌地讨论着"电动车事件"，但是说来说去都想不到一个合适的办法。冯周攥着自己的笔记本，有些犹豫要不要站起来。妈妈小声鼓励他勇敢地站起来表达。

　　冯周深吸一口气，拿出笔记本，开始跟大家分享自己的想法。看着大人们鼓励的眼神，从磕磕绊绊到畅所欲言，冯周的发言引得现场响起了热烈的掌声。

　　这次会议过后，小区出现了专门停放电动车的区域，也有了规范的充电桩，大家也都积极了解预防措施，避免意外情况的发生。这让冯周受到了巨大的鼓舞。

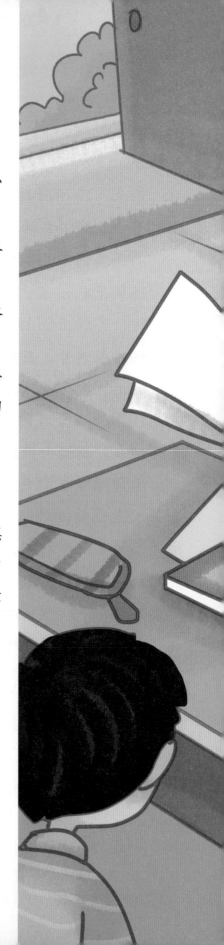

上学时，冯周把这次经历分享给了自己的小伙伴们。

"哇！你也太厉害了吧！都能在大人的会上发言了。"杜可的脸上露出了佩服的神情。

"能把自己的想法勇敢地说出来，真的很棒！"许依也竖起了大拇指。

杜可突然想到了什么，说："不过真的没想到，电动车有这么多需要注意的地方，能把你的资料借我看看吗？"

"当然可以啊！"冯周欣然同意。

其他同学看到了，也纷纷过来借资料。

冯周心里很高兴，一时兴起整理的资料竟然能帮助这么多人，以后自己也要继续留意生活中存在的隐患，通过采取有效的方法，及时防止意外的发生。

安全小贴士

⭐ 如何预防电动车火灾？

1. 勿在室内充电

室内有大量易燃物品，一旦起火，后果不堪设想。

2. 勿将电动车停在楼道

楼道是居民进出的必经之处，若将电动车停放在楼道，一旦起火，会阻断居民的逃生之路，酿成严重后果。

3. 勿长时间充电

根据常规的电容量，一般的电动车可在 8 ～ 10 小时内充满电。若充电事件过长，容易使电瓶过热，火灾风险加大。

4. 勿"飞线"充电

"飞线"充电易使充电板烧蚀及漏电，安全隐患很大。

5. 勿私自改装电动车

电动车的正常使用寿命为 3 ～ 4 年，超期使用的电动车会存在电路老化、短路等情况。若再私装电瓶，或加装照明、音响等，很容易使线路超负荷运转，引发火灾。

思考一下，你认为还需要注意什么呢？快来写一写吧

四、湿冷的冬天

今天是周末，杜可的心情特别好，冯周约她一起打雪仗，俩人在杜可家楼下玩了起来。

结果，不一会儿，杜可就气鼓鼓地回到了家里，后面还跟着不知所措的冯周。奶奶看出杜可不开心，走上前关心地问："这是怎么了？出门前还高高兴兴的呢。"

"别提了。"杜可郁闷地抓了抓头，"我的衣服湿了。"

"那就换一件嘛，多大点事儿，这么不开心。"奶奶笑了笑说。

"那怎么行，今天是爷爷的生日，这件衣服可是爷爷刚给我买的，我还想中午的生日宴上穿给爷爷看呢，结果刚才和冯周去打雪仗，全被他给打湿了！要是干不了，中午我可怎么穿给爷爷看呀！"杜可说着，白了冯周一眼。

"对不起嘛，早知道我就下手轻点了……"冯周挠了挠头说。

"你还说，你的意思是你比我厉害呗！"

眼看着杜可更生气了，冯周赶忙说："好啦好啦，我错了，不过咱们现在是不是该想想办法，怎么把衣服尽快弄干？"

　　"是呀，怎么办好呢……"杜可的注意力被成功地移开。

　　冯周看到屋里的电热器，灵机一动：把衣服放在上面烤一下不就干了吗？于是他把杜可的湿外套整个搭在了电热器上。

　　不一会儿，杜可妈妈回来了，一看到电热器上的外套，赶忙进屋拿了下来，心有余悸地说道："衣服怎么能放在电热器上呢，这可是有起火的风险呢！"

　　"啊……这么严重……我只想帮杜可快点把衣服晾干，就把它放在电热器上面烤了一下。"冯周也意识到自己做错了，说话的声音越来越小。

　　知道了前因后果的杜妈妈温和地笑了笑，摸了摸冯周的头，说道："阿姨知道你是好心，别难过，重要的是咱们得知道不能这么做的原因，对不对？"原来，电热器本身温度很高，衣服又是易燃物，长时间烘烤容易造成温度过高，从而引发火灾。

　　并且，电热器上覆盖衣物会造成散热不及时，时间久了可能会使线路着火，造成严重后果。

　　最后，杜妈妈还给冯周布置了一个小任务："等你回家后，检查一下自己家里有没有取暖过

程中出现的隐患，并找到正确的解决办法，能做到吗？"

"保证完成任务！"冯周顿时感觉斗志昂扬，回家以后展开了"地毯式搜查"。很快，他就发现了问题。

卧室里妈妈早上刚用了电熨斗熨烫过衣服，因为早上走得比较急，虽然关闭了开关，但是没有把插头拔下来，冯周赶忙拔下插头，并记下了这个问题。

然后，他发现家里酒精离电热器有些近，又走过去把酒精放到远离易燃物的地方。

随后，冯周检查了一下家里的电器是否有国家安全认证，看到所有电器都是合格品后，冯周松了一口气。

最后，冯周坐回沙发上，开始整理自己的发现。

晚饭后，冯周把爸爸妈妈邀请到沙发上，清了清嗓子。

他先是列举了一下自己发现的问题："今天我在家里'巡逻'的时候，发现咱们家的熨斗没有把插头拔下来，而且酒精这样的易燃物离电热器非常近。"

妈妈有些惊讶，随后表示自己会注意。

冯周又转头对爸爸说："以后咱们家的电器检查工作就交给老冯同志啦！"

爸爸被冯周逗笑："那小冯同志的任务是什么呢？"

"我嘛，当然是做好侦查工作了！"冯周拍了拍自己的小本子。

说着，他忽然又想到了什么，连忙翻了一下小本子。

　　"对了，还要和爷爷奶奶外公外婆说，让他们记得经常检查一下煤气，记得家里的电热器不能离人太近，还有还有，一定不能用电热器烤衣服。"冯周认真地说道。

　　爸爸妈妈笑着应下了。

　　冯周长舒了一口气，心里暗暗下了决心，以后要多积累相关知识，下次一定不要再因为自己的疏忽，带来安全隐患了。

安全小贴士

★冬季取暖八项注意

1. 注意安全用火用电，及时清理周围可燃物，出门时不要忘记关闭电源、燃气开关。

2. 选择通过国家安全认证、质量合格、正规销售的电器产品。

3. 不要使用电暖炉烘烤衣物，使用电熨斗等小电器时，人不要离开，避免温度过高引起火灾。

4. 严格按照说明书正确使用电器，要经常检查电暖气设备，是否有损坏、电线裸露等情况。

5. 严禁用铜丝、铁丝、铝丝代替保险丝，要选用与电线负荷相适应的保险丝，不可随意加粗。

6. 避免在浴室等潮湿的环境下使用取暖电器，更不能使电器淋湿、受潮，这样不仅会损坏电器，还会有触电的危险。

7. 使用炭火取暖时，切勿在房屋内关死门窗。

8. 遇到火情，及时拨打119报警；发现身边有火灾隐患，及时拨打96119举报。

思考一下，你认为还需要注意什么呢？快来写一写吧

⭐ 如何正确使用"取暖神器"？

1. 电热器

用电热器取暖时，要使用带地线的三孔插座；插座不要立于电热器正上方；不要在电热器上覆盖物品。

2. 电热毯

使用电热毯时严禁折叠；电热毯不要与其他热源共同使用；不要整夜通电使用。

3. 暖手宝

使用暖手宝取暖，不要让水流入电源插口内，否则会造成电路短路；切勿拔取注水口塞子；电热水袋严禁强力摔打，以免造成漏液、漏电。

五、火光四射

"今天真的很危险，看到火光的时候我真的很害怕。不过我突然明白，平时的演练有多重要，以后一定要认真参加每次演练，发生危险的时候，我也有了自救的能力。"许依写下这样一段话，随后合上了自己的日记本。

这是惊心动魄的一天。

本来大家都在聚精会神地听严老师讲课，突然，警报响起。

一瞬间，紧张的情绪在同学们之间蔓延开来。

杜可惊呼："天哪！不会是着火了吧！"

大家惊慌的声音此起彼伏。

"大家不要慌！快找一块儿手帕浸湿了，捂住自己的口鼻，等下一定要记得跟着指示跑！"严老师大声地对同学们说着。

"怎么办？我没有手帕！"关关急得快哭出来了。

严老师连忙安慰："没有手帕也不要紧，用水打湿袖子捂住口鼻！"

"一定要按照指示！把身子趴低一点！捂住口鼻！现在靠近门的同学出去！其他同学跟在后面，一定不要抢！"严老师的声音传来。

许依就坐在门口的位置，听到老师的嘱咐后立刻照做，弓着腰向外面跑去。刚跑出教室门，一股热浪扑面袭来，还有呛人的浓烟。

"大家快去右侧的逃生口！"

"请沿着楼梯依次往下走！不要争抢！"

"所有人按照指示逃生！"

不断有声音从广播中传来。

来不及多想，许依又把身子压低了一些，继续沿着消防通道逃生。

路上时不时能听到大家的哭声，许依也很害怕，感觉眼泪在眼眶里打转，心跳也越来越快。

这时，平时在消防演练中学到的知识突然在脑海里浮现，不断提醒着许依应该怎么做。她眨了眨眼睛，让自己尽快冷静下来。不知过了多久，大家终于都跑到了安全地点。

许依这时候也不忘作为班长的职责，逐一清点同学人数，又问了一下大家有没有受伤，在确认没有问题后才松了一口气，找了个地方坐下来，这才发现自己的手心里全是汗。

此时传来一阵警笛声，消防车来了！

第二天，班主任严老师在班会课上向大家解释了起火的原因：因为现在是冬天，天气干燥，再加上储藏室电路老化，于是就引起了火灾。好在救援及时，没有造成人员伤亡。

"经过这次突发事故，想必大家已经意识到平时消防演练的重要性了，以后的相关演练，还希望大家认真参与。"严老师嘱咐道。

"逃生过程中出现了一些问题，有的同学没有按照指示行进，所以被吸入的浓烟呛到。还有同学太过害怕，不断向前挤，差点引发踩踏事故。这些大家以后一定要注意。"

　　"最后还要表扬一下许依同学，作为班长，她在到达安全地点后第一时间询问大家的情况，让我们用掌声向许依同学表示感谢。"

　　下课以后，大家向许依围了过来。

　　"你真勇敢！我当时害怕极了，跑到楼下的时候腿都软了。"关关竖起大拇指，佩服地说道。

　　冯周也默默点头，表示赞同。

　　许依不好意思地笑了一下："其实我当时也很害怕，不过想到大家其实都没经历过火灾，肯定心里也很慌乱，我作为班长，安抚大家是我应该做的。"

　　"通过这次火灾我发现，平时多学一些逃生技能真的很重要，以前我对待演练不是很认真，以后一定要认真学习才是。"杜可在一旁说道。

　　"嗯嗯，我也发现了，以后一定要认真参加。"同学们七嘴八舌地表示赞同。

安全小贴士

★高层发生火灾如何自救？

1. 保持冷静先报警

火灾发生时，先观察火势并报警，然后根据火势大小和自己所处环境及时作出固守待援还是迅速逃生的决定。

2. 勿贪财产快逃生

火灾发生时，不要贪恋财产，要尽快逃离着火地点，切勿因贪恋财产而错失逃生机会。

3. 不乘电梯走楼梯

火灾发生的高热会使电梯系统出现异常，容易将人困住，在疏散逃生时切勿乘坐电梯，应及时向疏散通道和安全出口方向逃生。

4. 判断准确再开门

开门逃生前，先用手触摸房门，如果房门变热则不要轻易打开，否则烟和火就会直接冲入室内。用毛巾、被子等堵塞门缝，并泼水降温。同时，选择一个暂避的地方，最好有水源，靠近窗口，用醒目的物品引起消防员注意，以便及时获救。

5. 做好防护防中毒

遇到浓烟时，可利用身边的衣服、毛巾沾湿捂住口鼻，贴近地面避免吸入浓烟，也可向头、身浇冷水或用湿毛巾、湿棉被、湿毯子等将头、身裹好，再冲出去。

思考一下，你认为还需要注意什么呢？快来写一写吧

★ 如何预防高层建筑发生火灾？

1. 应提醒家长避免卧床吸烟，并及时熄灭烟头。
2. 尽量不使用安全隐患较大的简易电器，不购买廉价、非正规电器设备。
3. 勿在楼道、居室内给电动车充电。
4. 维护和保养好楼道里的消防设施设备。
5. 熟悉建筑内部的紧急出口位置及逃生路线。

六、消防大演练

还没进教室门，许依就听到杜可欢快的声音。

"今天是什么日子啊？怎么这么高兴？"许依好奇地问。

"你不知道吗？今天有消防大演练，据说会有消防员现场教我们怎么使用灭火器呢！我可激动好久了，要是能体验一下就好了。"杜可捧着脸，满是憧憬。

这时冯周像一阵风一样冲了进来，激动地走到小伙伴面前，分享自己刚刚得到的"小道消息"。

"你们知道吗？今天咱们有机会现场学习怎么使用灭火器呢！"冯周激动地说。

不一会儿，严老师走进了教室。

"现在大家出去站队，我们去操场参加消防演练。"严老师话音刚落，杜可就迫不及待地站起来往外冲，惹得大家忍俊不禁。

今天邀请到的是市里有名的消防员孙国安。他立过很多次功，大家经常在新闻上见到他。消防员孙叔叔一落座，现场就爆发出了阵阵掌声。

首先，孙叔叔问了大家一个问题：灭火器一共有多少种？

这可难住了大家，同学们你看看我、我看看你，一脸茫然。

最后还是"智多星"高睿回答了这个问题。

"常见的灭火器一共有3种，为泡沫灭火器、干粉灭火器、二氧化碳灭火器，家庭常用的是干粉灭火器。"高睿站起来，自信地回答道。

"非常正确，我们今天就给大家讲解一下干粉灭火器的正确用法。"高睿的回答得到了孙叔叔的认可。

孙叔叔提到，干粉灭火器的使用分为以下几步。

第一步，把筒体上下震动几次，这样能使筒内干粉松动，灭火效果更好；第二步，拔掉铅封；第三步，拉出保险销；第四步，距离火源2～3米，一只手扶喷管，喷嘴对准火焰根部，另一只手用力压下压把，让干粉对着火焰根部平射，由近及远，向前平推，左右横扫。

孙叔叔强调，使用干粉灭火器时还有几个注意事项。

第一，干粉喷出后容易散开，应站在上风方向使用；第二，不能从火焰上方灭火，要对准火焰根部；第三，在扑救液体火灾时，因干粉灭火器冲击力较大，不要直接对着液面喷射，以防燃烧的液体溅出，扩大火势；第四，干粉灭火器应放在通风、阴凉、干燥的地方，防止筒底受潮。

当询问谁想上来演示干粉灭火器时，杜可第一个举起了手。孙叔叔微笑着让她上来。杜可按照步骤，小心翼翼地操作着。喷射干粉时，力道超出了杜可的想象，还好她很快握紧了喷管，对准火焰根部，成功将火扑灭。

演示结束后，孙叔叔又进行了一场讲座，给大家介绍了一些关于消防安全的知识。

"大家一定要记得，不能违规使用大功率电器，不然很容易造成火灾。"

"另外，一旦遇到火灾，一定要保持冷静，根据现场的指示逃生，并且记得用湿毛巾等捂住口鼻，弯着腰低身前行。"

"最后，在遇到火灾的时候，一定要记得拨打119求助。"

孙叔叔的讲座获得了同学们热烈的掌声。大家纷纷表示自己会把这些知识记下来，日后遇到危险时也有了自救的本领。

严老师看大家情绪都很高涨，就布置了一份作业：回家以后把今天演练和讲座的内容说给家人听，让他们同步掌握消防知识。

杜可一回家就迫不及待地向爸爸妈妈分享自己今天的经历。她先是绘声绘色地讲了一下自己演示使用灭火器的经历，随后，把今天自己记下的消防知识，一条一条地讲给爸爸妈妈听。

　　在得到爸爸妈妈的表扬后，杜可又兴致勃勃地讲给爷爷奶奶听，一晚上说得口干舌燥，不过却让她一遍遍地巩固了今天学到的知识，使消防知识真正成为自己的本领。

安全小贴士

★ 关于消防的 8 个误区

1. 逃生误区：不判断就盲目逃生

室外发生火警，如果摸到门的温度比较高，应关紧门用水浸湿布料堵住缝隙，防止浓烟进入。不要乘坐电梯逃生或盲目跳楼逃生，如果火势较小，应果断用湿被子等裹住身体，用湿毛巾捂住口鼻，低身冲出受困区。

2. 灭火误区：以为水能灭所有火

不是所有火都能用水灭。电器着火时应先断电，直接用水或泡沫灭火器灭火可能触电；油锅起火可以用锅盖或大块湿布盖住，用水会油火四溅，油着火可以用沙土覆盖；油漆起火不能用水浇，要用泡沫、干粉灭火器或沙土扑救。

3. 手机充电误区：充电设备"混搭"

使用功率不匹配的插头充电，或用非原装充电线充电，存在一定安全隐患。充电时最好将手机保护壳拿下，因为高温时锂电池可能不稳定甚至会引起爆炸。

4. 报警误区：慌张下忘记报警

发生火灾，不要因为惊慌忘了报警。进入高层建筑时应留意警铃、灭火器等位置，一旦发生火灾立即报警，说清火势、地址等信息。

5. 取暖误区：烘烤易燃物品

冬天使用取暖设备时应远离易燃物，尤其不要直接烘烤衣物，更不要把物品覆盖在取暖设备上。

6. 装修误区："任性"安装电线电器

煤气管道要与电线管保持10厘米以上的安全距离。要购买合格的电器设备，电线要用铜芯线，尽量不用易发热的铝线，埋线时要用绝缘好的导线，装饰装修应尽量少用易燃材料。

7. 插座使用误区：位置低又"裸露"的插座

插座安装的位置不能太靠地面，否则拖地时水容易溅到里面，造成漏电。同样，厨房和卫生间的插座最好安装防溅水盒，且距离地面1.5米以上。

8. 汽车自燃误区：天热才容易自燃

很多人觉得自燃似乎和高温、车辆老旧画上等号，其实汽车自燃和气温、车龄无必然关系，与汽车的保养、改装和使用有关。因此，我们应按时对车辆进行检查保养，不要私自改装汽车。

⭐ 消火栓的正确打开方式

　　首先是打开消火栓门，旁边如有按钮则按下内部火警按钮。如现场有两个人，那么其中一人负责接好枪头和水带并奔向起火点，另外一个人则接好水带和阀门口，如只有一人，则先接好阀门再奔向起火点。接好阀门后，逆时针打开阀门，让水流喷出即可。概括地说就是先按报警，再接枪带，最后打开阀门救火。

　　思考一下，你认为还需要注意什么呢？快来写一写吧